图说安全

——农配电现场作业安全图册

李小勤　编绘

中国电力出版社
CHINA ELECTRIC POWER PRESS

内 容 提 要

本书用通俗易懂的漫画形式表现"电力安全"知识，以农配电主要作业为对象，全面、系统地论述了各个现场作业特点及要求。

本书主要内容包括农配电安全生产的组织措施（工作票制度、工作许可制度、工作监护制度、工作间断制度、工作终结和恢复送电制度）；农配电安全生产的技术措施（停电、验电、挂接地线、悬挂标识牌和装设遮栏）；农配电安全生产的要求（巡线、倒闸操作，电气测量，砍伐树木，挖坑及立、撤电杆，杆塔上工作，放、撤线，起重、装卸、运输工作，配电变压器台上的工作，电容器放电，低压间接带电作业）。

本书能较好地普及到广大的人民群众当中，特别适合电力生产一线人员学习使用，也可供电力行业的相关专业人士阅读、学习和参考，是电力企业开展安全教育活动的理想用书。

图书在版编目（CIP）数据

图说安全．农配电现场作业安全图册/李小勤等编绘．—北京：中国电力出版社，2016.5
ISBN 978-7-5123-8818-5

Ⅰ.①图… Ⅱ.①李… Ⅲ.①农村配电-施工现场-安全事故-事故预防-图集 Ⅳ.①TM08-64

中国版本图书馆 CIP 数据核字（2016）第 011721 号

中国电力出版社出版、发行

（北京市东城区北京站西街 19 号　100005　http://www.cepp.sgcc.com.cn）

汇鑫印务有限公司印刷

各地新华书店经售

*

2016 年 5 月第一版　　2016 年 5 月北京第一次印刷

787 毫米×1092 毫米　24 开本　5.5 印张　113 千字

印数 0001—3000 册　定价 **28.00** 元

前 言

　　"电力安全"是一个严肃的话题，从人类有了电力工业以来，在电力工业建设和发展过程中所发生的事故和惨痛的教训太多了。人们为了记住这些血和泪的教训，编写出许多关于"电力安全"操作规范制度方面的书籍与"电力安全"案例手册，以警示人们要安全用电和按规范去操作电气设备。但是，到现在为止依然有一些人，在不以为然间触犯了"电力安全"规章制度，结果造成终身无法弥补的遗憾。

　　因此，本书尝试用简单、明了、幽默的漫画形式来反映"电力安全"这一严肃的话题。漫画实质上也是一种语言表达的方式，既有谐趣性又附评议性。它运用有趣生动的形象、诙谐的绘画手法直观地展现在读者面前。漫画这一形式能更容易地推广、普及"电力安全"知识，增强人们电力安全意识。人们在工作当中、茶余饭后、消闲时刻，看看这些漫画，在幽默中记住"电力安全"的重要性，从而提高全民对"电力安全"的重视，进而爱惜自己的生命！

李小勤

2016 年 1 月 1 日

目 录

第一章

一 般 要 求

健康证

电工进网证

急救证

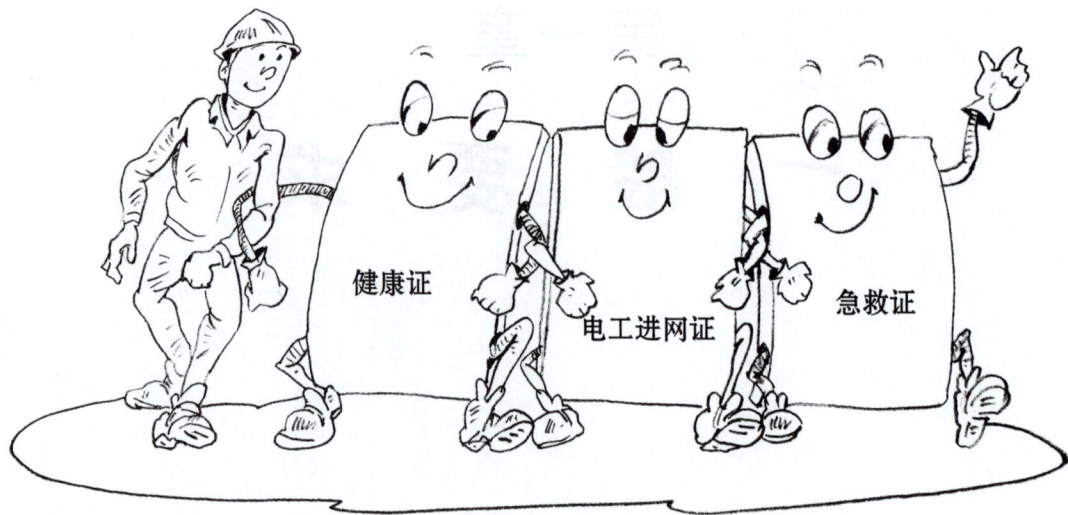

农电工必须具备 ① 身体健康；② 熟悉《电业安全工作规程》和《农村低压电气安全工作规程》；③ 学会触电急救法；并经考试合格后，方可持证上岗。

电气设备电压等级分为：高压（High voltage）：设备对地电压在 250V 以上者；

低压（Low voltage）：设备对地电压在 250V 及以下者。

农电安全

规范手册

指导、规范农电工在电气工作中的安全行为。未涉及的内容以相关规程为准。

第二章

农配电安全生产的组织措施

第一节　工作票制度

保证工作人员工作时的安全，从工作开始至工作结束的整个过程中的安全措施和要求都填写在工作票上，并填写危险点分析与控制单。

电力线路第二种工作票
1. 工作单位
_____
2. 工作负责人
_____

电力线路第一种工作票
1. 工作单位
_____
2. 工作负责人
_____

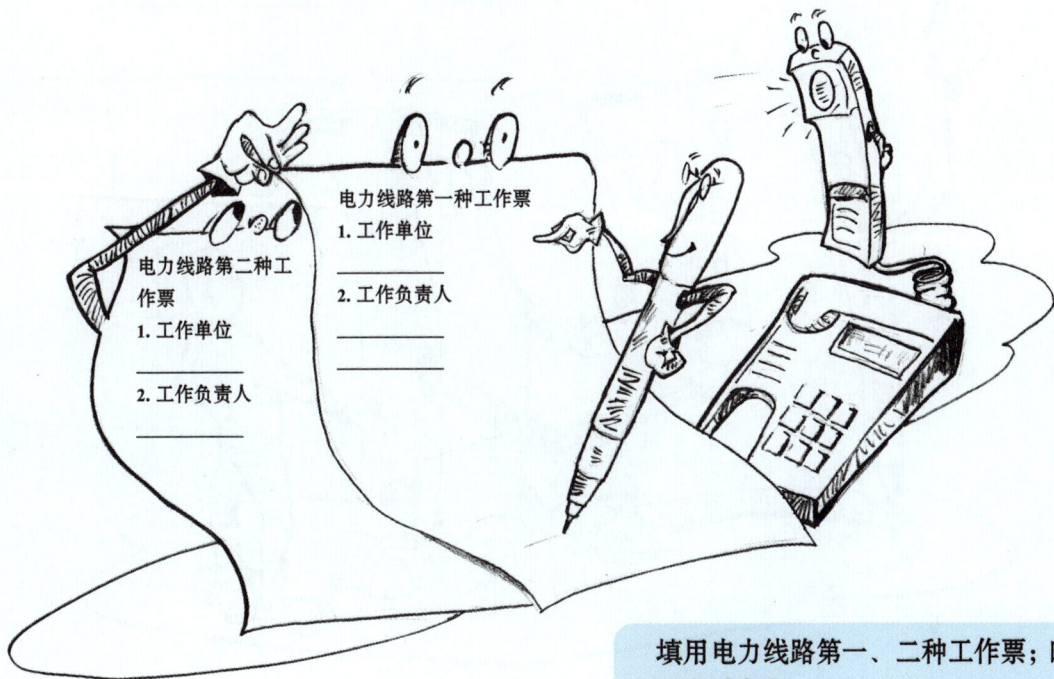

填用电力线路第一、二种工作票；口头或电话命令。

填用电力线路第一种工作票：在停电线路（或在双回线路中的一回停电线路）上的工作；在全部或部分停电的配电变压器台架上或配电变压器室内的工作。

填用电力线路第二种工作票：带电作业；带电线路杆塔上的工作；在运行中的配电变压器台上或配台变压器室内的工作；高压带电线路上的近电作业。

低压第一种
工作票

低压第二种
工作票

图说安全

——农配电现场作业安全图册

在低压电气设备或线路上工作：填用低压第一种工作票（停电作业）；填用低压第二种工作票（不停电作业）；口头指令。

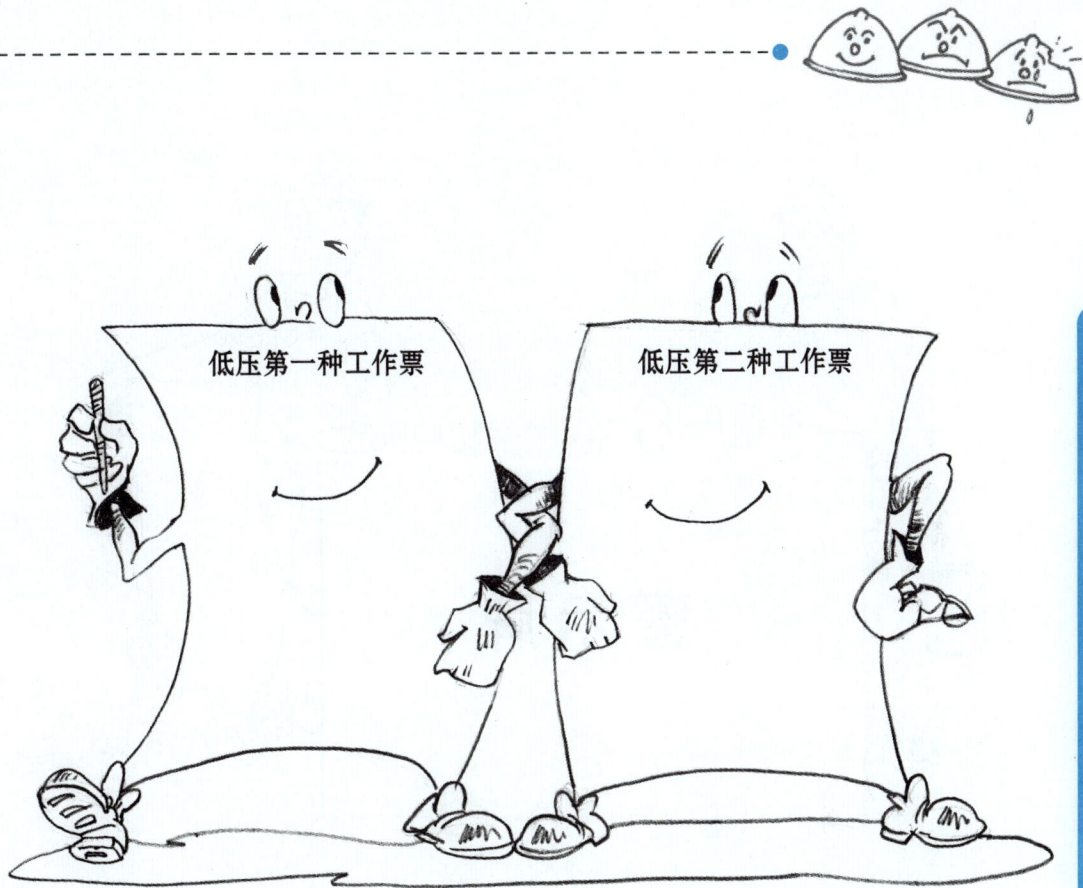

低压第一种工作票

低压第二种工作票

　　凡是低压停电工作均应使用低压第一种工作票；凡是低压间接带电作业，均应使用低压第二种工作票。

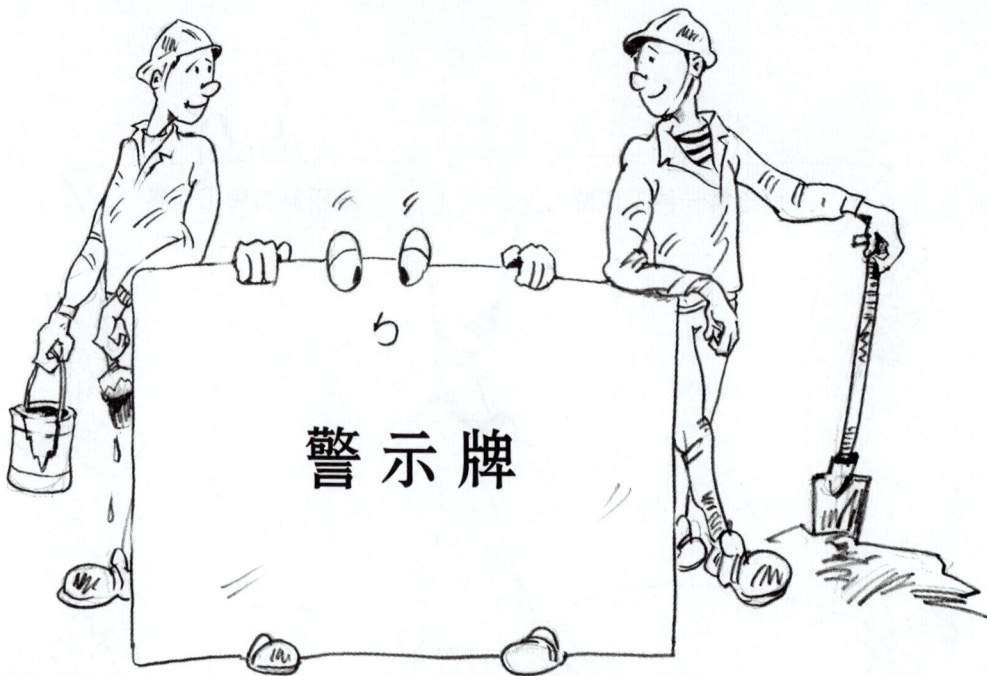

警示牌

不需停电进行作业，如刷写杆号或用电标语、悬挂警示牌等工作，可按口头指令执行。

工作票签发人的
安全责任

工作票签发人的安全责任：工作的必要性；工作是否安全；工作票所填安全措施是否完备；所派工作负责人和工作班人员是否适当、充足。

工作负责人（监护人）的安全责任：正确安全地组织工作；工作前对工作班成员交待安全措施；严格执行工作票所列安全措施，必要时还应加以补充；监督、监护工作人员遵守《电业安全工作规程》；工作班人员变动是否合适。

工作许可人的安全责任
1. 审查工作的必要性
2. 线路停送电和许可工作的命令是否正确

工作许可人的安全责任：审查工作的必要性；线路停、送电和许可工作的命令是否正确；发电厂或变电站线路的接地线等安全措施是否正确、完备。

电业安全工作规程

电业安全工作规程

监督

工作班成员的安全责任:必须认真执行《电业安全工作规程》和现场安全措施,并监督《电业安全工作规程》和现场安全措施的实施。

第二节 工作许可制度

落实工作措施才能开工。

工作票

填用第一种工作票进行工作，工作负责人必须得到工作许可人的许可后，方可开始工作。

　　线路停电检修，值班调度员必须在发电厂、变电所将线路可能受电的各方面都拉闸停电，并挂好接地线后，将工作班（组）数目、工作负责人的姓名、工作地点和工作任务记入记录簿内，才能发出许可工作的命令。

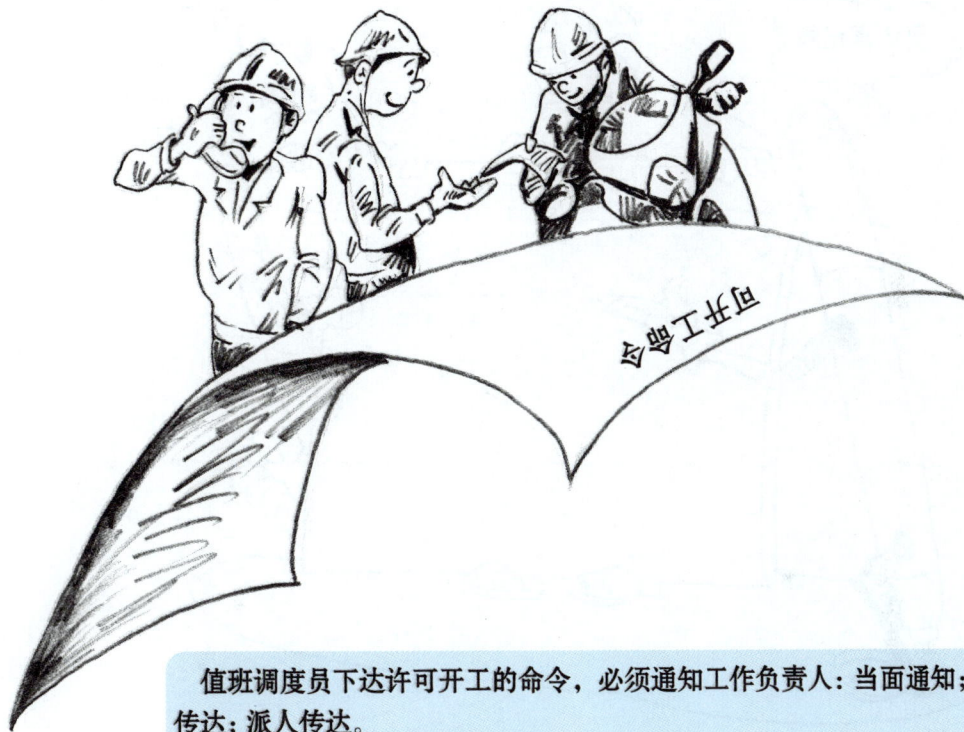

值班调度员下达许可开工的命令，必须通知工作负责人：当面通知；电话传达；派人传达。

电话传达许可开始工作的命令，工作负责人必须认真记录、清楚明确，并复诵核对无误。

严禁约时停、送电

严禁约时停、送
电。

第三节 工作监护制度

工作负责人

完成工作许可手续后，工作负责人（监护人）应向工作班人员交待现场安全措施、带电部位和其他注意事项。

工作票签发人和工作负责人，对有触电危险、施工复杂、容易发生事故的工作，应增设专人监护。

如工作负责人必须离开工作现场时，应临时指定负责人，并设法通知全体工作人员及工作许可人。

第四节 工作间断制度

在工作中如遇雷、雨、大风或其他任何情况威胁到工作人员的安全时，工作负责人或监护人可根据情况临时停止工作。

认真看守

安全接地

白天工作间断时，工作地点的全部接地线保留不动，安全措施仍应保留不变。

如果工作班需暂时离开工作地点，则必须采取安全措施和派人看守。

如果经调度允许的连续停电、夜间不送电的线路，工作地点的接地线可以不拆除，但次日恢复工作前应派人检查。

第五节　工作终结和恢复送电制度

完工后，工作负责人（包括小组负责人）必须检查现场的状况以及有无遗留物，查明全部工作人员确由工作现场杆塔上撤下后，再命令拆除接地线。

工作终结后，工作负责人应报告工作许可人：从工作地点回来后，亲自报告；用电话报告并经复诵无误。

工作终结报告

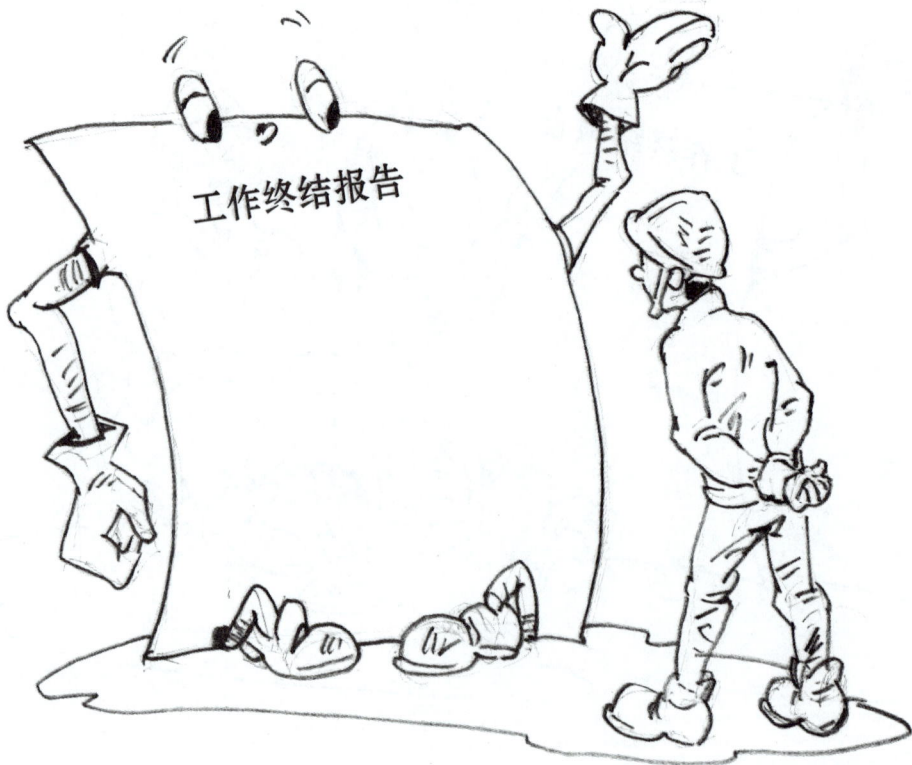

工作终结报告包含：工作负责人姓名，某线路上某处工作已经完工，设备改动情况，工作地点所挂的接地线已全部拆除，工作现场已无本班组工作人员，可以送电。

可向线路
恢复送电

OK!

　　工作许可人在接到所有工作负责人（包括用户）的完工报告后，并确认工作已经完毕，所有工作人员已由线路上撤离，接地线已拆除，并与记录簿核对无误后方可下令拆除发电厂、变电站线路侧的安全措施，向线路恢复送电。

第三章

农配电安全生产的技术措施

在进行线路、电气设备作业前,应做好停电措施。确实不能停电的,应采取防止触电的措施;不得以设备分合位置标示牌的指示、用电设备运行状态作为判断设备已停电的依据。

注意防止误停、漏停电源。

严格
安全措施

別合

　　在线路施工人员自行断开的断路器（开关）或隔离开关、跌落熔断器的杆上等处应悬挂"禁止合闸，线路有人工作！"的标示牌。

两台配电
变压器同
时停电

两台配电变压器低压侧共用一个接地引下线时，其中一台配电变压器低压出线端停电检修，另一台配电变压器也必须停电。

第二节 验 电

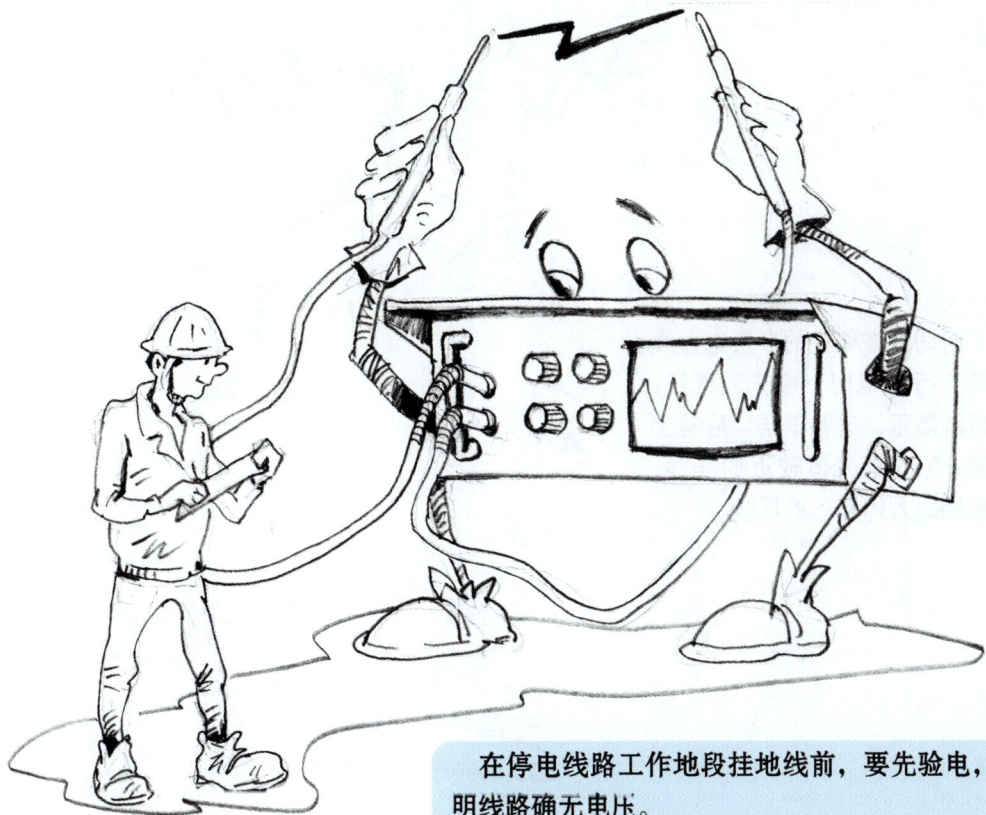

在停电线路工作地段挂地线前，要先验电，验明线路确无电压。

对同杆塔架设的多层电力线路进行验电时，应先验低压，后验高压，先验下层，后验上层；先验距人体较近的导线，后验距人体较远的导线。

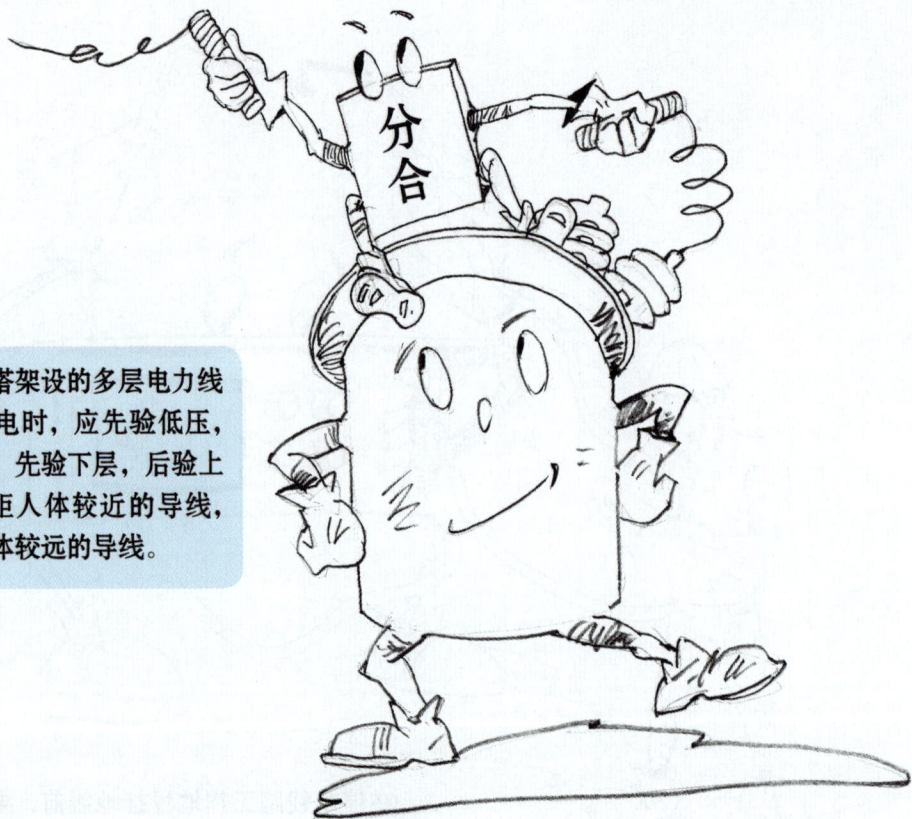

分合

线路经过验明确无电压后，各工作班（组）应立即在工作地段两端挂接地线。

同杆塔架设的多层电力线路挂接地线时，应先挂低压，后挂高压，先挂下层，后挂上层。

挂接地线时，应先挂接地端，后挂导线端，拆接地线时的程序与此相反。装、拆接地线时，工作人员应使用绝缘棒或戴绝缘手套，人体不得碰触接地线。

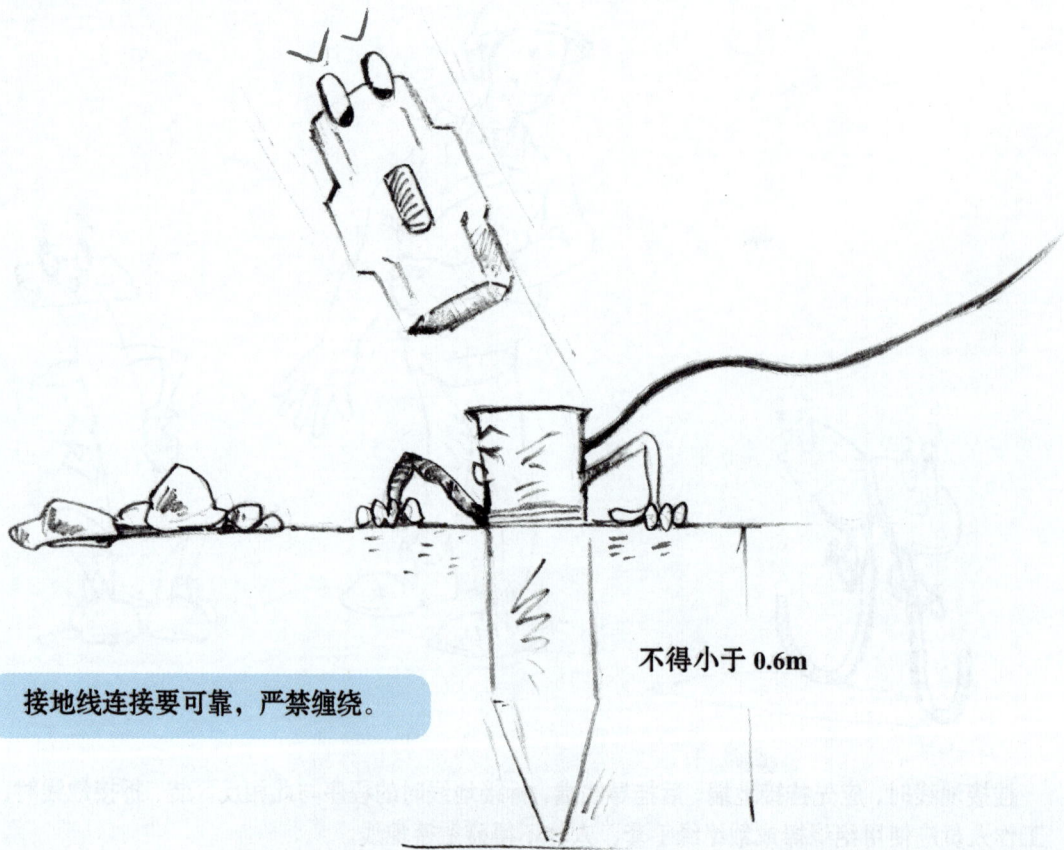

接地线连接要可靠，严禁缠绕。

不得小于 0.6m

接地线应有接地和短路导线构成的成套接地线，成套接地线必须用多股软铜线组成。严禁使用其他导线作接地线和短路线。

第四节　悬挂标示牌和装设遮栏

禁止合闸
有人工作

一经合闸即可送电到工作地点的断路器、隔离开关；已停用的设备、一经合闸即有造成人身触电危险、设备损坏或引起总漏电保护动作的断路器、隔离开关；一经合闸会使两个电源系列并列或引起反送电的断路器、隔离开关。

在这以上几种断路器、隔离开关的操作柄上挂"禁止合闸，有人工作！"的标示牌。

图说安全——农配电现场作业安全图册

44

运行设备周围的固定遮栏上；施工地点，附近带电设备的遮栏上；禁止通过的过道遮栏上；低压设备作耐压试验的周围遮栏上。

以上地点应挂上"止步，有电危险！"的标示牌。

工作人员或其他人员可能误登的电杆或配电变压器的台架上；距离线路或变压器较近，有可能误登的建筑物上。

在以上临近带电线路、设备的场所，应挂"禁止攀登，有电危险！"的标示牌。

在停电线路所有停电方向的断路器或隔离开关操动机构上悬挂"禁止合闸，线路有人工作！"的标示牌。

为了保证行人及与工作无关人员的安全，防止误入工作区域发生意外或高处落物伤人，在工作的杆塔变台下，必须设置封闭的安全隔离措施，安全隔离措施采用围网和部分支架来实现。

工作区域

安全

　　在交叉线路停电杆塔与带电杆塔距离较近者，及变电站 10kV 出口处，有工作的配电线路杆塔下，必须在醒目的位置悬挂"在此工作"标示牌，相邻带电杆塔挂"禁止攀登，高压危险！"标示牌。

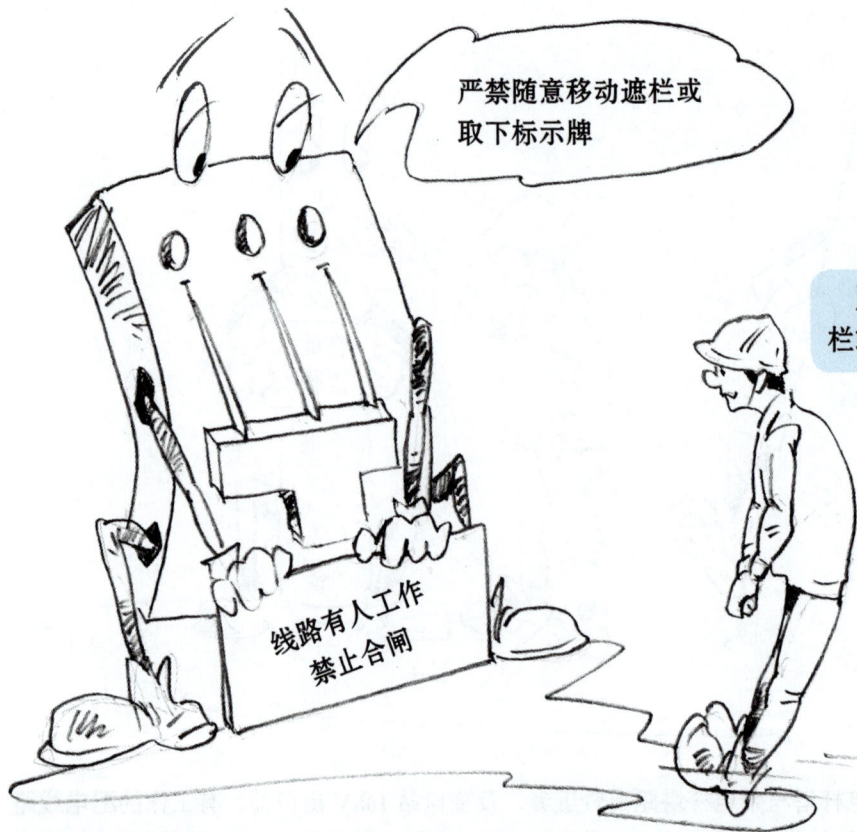

严禁随意移动遮栏或取下标示牌

严禁随意移动遮栏或取下标示牌。

线路有人工作
禁止合闸

第四章

农配电安全生产的要求

第一节 巡 线

巡线工作应由有电力线路工作经验的人员担任，新人员不得一人单独巡线。偏僻山区和夜间巡线必须有两人进行。

单人巡线时，禁止攀登电杆和铁塔。夜间巡视应沿线路外侧进行，大风巡线应沿线路上风侧前进，以免万一触及断落的导线。

设备巡线中发现倒杆、断线事故时，应立即设法阻止行人不得靠近故障地点，并迅速报告有关部门尽快将故障点的电源切断。

第二节 倒闸操作

倒闸操作应由两人进行，一人操作一人监护，按照操作票顺序进行逐项操作，并认真执行监护复诵制，每操作完一项，作一个"√"记号。

工作票

操作人员不得擅自更改操作票。

更换配电变压器跌落熔断器熔丝的工作，应依次拉开低压开关和高压隔离开关或跌落熔断器。

雷电时，严禁进行倒闸操作和更换熔丝工作。

如发生严重危及人身安全情况时，可不等待命令即可断开电源，但事后应立即报告领导。

断路器

停电时应先停负荷侧，后停电源侧，先停断路器，后停隔离开关。

电气测量工作，应在无雷雨和干燥天气下进行。测量时，至少应由两人进行，即一个操作，一个监护。

带电线路导线的垂直距离可用测量仪或在地面用抛挂绝缘绳的方法测量。

配电变压器和避雷器的接地电阻测量工作，应在线路停电的情况下进行。

　　测量低压线路和配电变压器低压侧的电流时，可使用钳型电流表，使用时应戴绝缘手套，穿绝缘鞋。

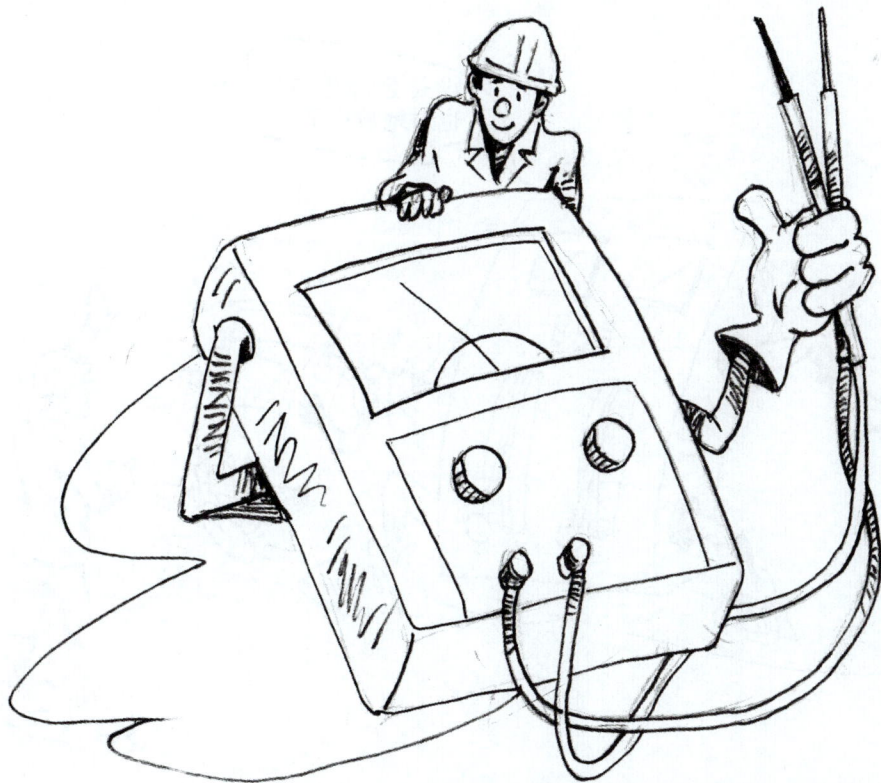

测量低压线路电压应在小容量开关、熔断器的负荷侧进行，不得直接在母线上测量。

遥测低压线路或电器绝缘电阻：被测设备在测量前后，都必须分别对地放电；被测设备应全部停电，并与其他连接的回路断开。

第四节 砍 伐 树 木

砍伐靠近带电线路的树木时，工作负责人必须在开始工作前，向全体工作人员说明：电力线路有电，不得攀登电杆、树木，绳索不得接触导线。

上树砍剪树枝时，不应攀抓脆弱和枯死的树枝，不应攀登已经锯断或砍过而未断开的树枝。

树枝接触高压带电导线时，严禁用手直接去取。

为防止树木倒落在导线上，应设法用绳索将其拉向与导线相反的方向，绳索应有足够的长度和强度，以免拉绳的人员被倒落的树木砸伤。

砍剪的树木下面的倒树范围内应有专人监护，不得有人逗留，防止砸伤。

大风、下雨及潮湿天气，不应进行砍剪树枝工作，若不得不进行，则应采取安全措施。

第五节 挖坑及立、撤电杆

挖坑前，必须与地下管道、电缆的主管单位取得联系，明确地下设施的确切位置，做好防护措施。

在坑内工作时，抛土要特别注意防止土石回落坑内。

在松软土地挖坑，应有防止塌方的措施。禁止由下部掏挖土层。

施工现场请勿靠近

居民区及交通道路附近挖的基坑，应设坑盖或可靠围栏，夜间挂红灯，以防止行人陷入坑内。

　　石坑冻土打眼时，应先检查锤把、锤头及钢钎，打钎人应站在扶钎人侧面，严禁站在对面，并不得戴手套，扶钎人应戴安全帽和手套。

立、撤杆工作要经上级批准并要设专人统一指挥。开工前应先讲明施工方法及信号。

立杆前应对电杆进行检查，严禁使用不合格电杆。

使用吊车立、撤杆时要使用合格的起重、支撑设备和拉绳，必要时应先进行试验，严禁过载。指挥及挂套人员应经培训考试取得特种工作证，方能从事此项工作。

立杆过程中，杆坑内和杆下禁止有人工作或走动。

立杆过程中修正杆坑时，应采用叉杆和拉绳控制杆身，防止电杆滚动、倾斜。

顶杆及叉杆只能用于竖立质量较轻的单杆，不得用铁锹、桩柱等代替。

使用抱杆立杆时，主牵引绳、尾绳、电杆中心及抱杆顶应在一条直线上，不得左右倾斜。

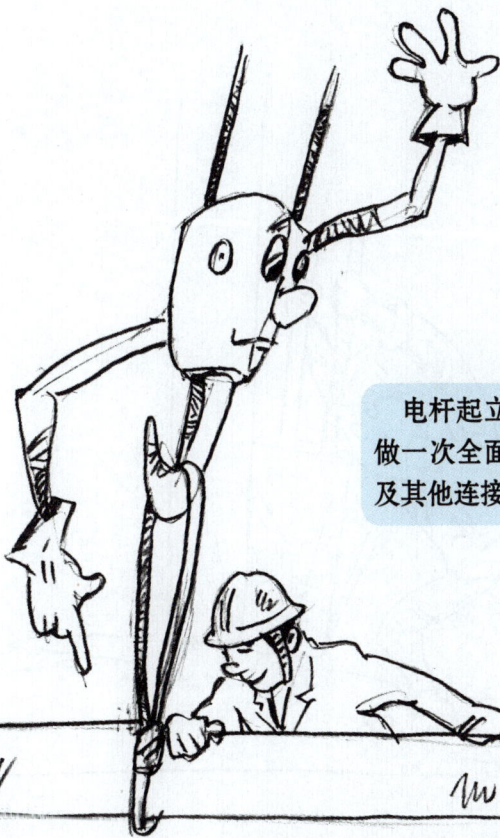

电杆起立离地后，应对各受力点做一次全面检查，特别应注意拉绳及其他连接点和桩柱。

已经立起的电杆，只有在杆基回土夯实完全牢固后，方可撤去叉杆及拉绳。

在撤杆工作中，拆除杆上导线前，应对电杆、杆根、拉线进行检查，做好防止倒杆措施，否则，不许登杆。

上杆前应先检查杆根是否牢固，新立电杆在杆基未完全牢固以前，严禁攀登。

图说安全——农配电现场作业安全图册

上杆前应先检查登杆工具，如脚扣、踏板、安全带等，是否完整、牢靠。

在电杆上工作，必须使用安全带和戴安全帽。

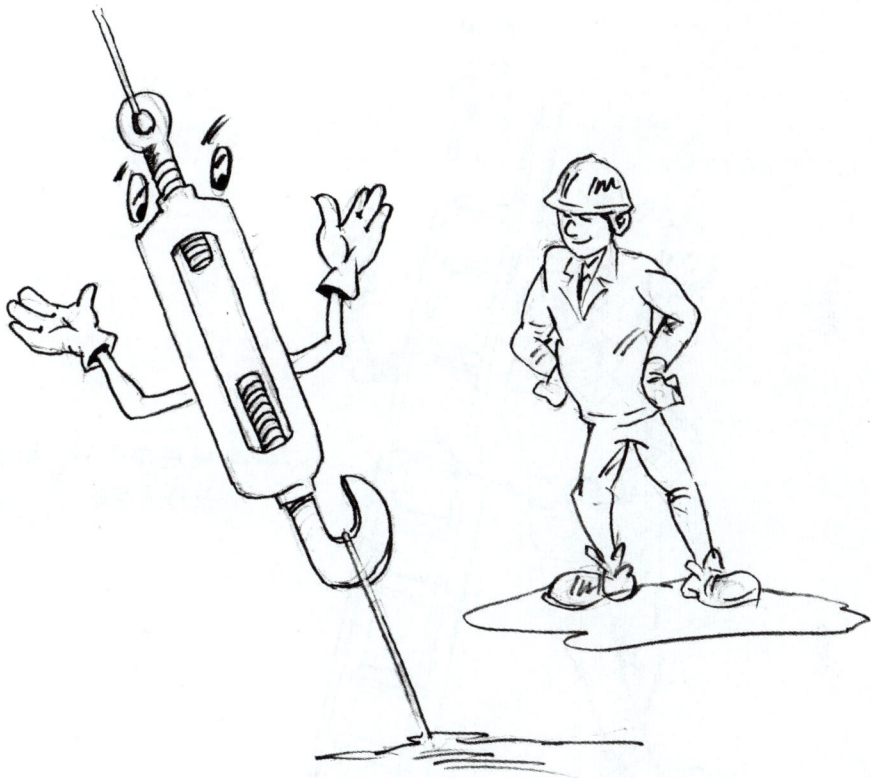

电杆上有人工作时，不准调整或拆除拉线。

使用梯子时，要有人扶持或绑牢。

杆上人员应防止掉东西，使用的工具、材料均应用绳索传递，不得乱扔。

杆上作业
防止行人
逗留。

杆下应防止行人逗留。

在 **10kV** 及以下带电杆塔上进行刷油、除鸟窝、查看架空地线、查看金具和绝缘子工作时，作业人员活动范围及其所携带的工具、材料等与带电导线最小距离不得小于 **0.7m**，并应设专人监护。

为防止登杆作业人员误登杆而造成人身触电事故，在邻近或交叉其他电力线路的工作中，与检修线路邻近的带电线路的电杆上必须挂标示牌或派人看守。

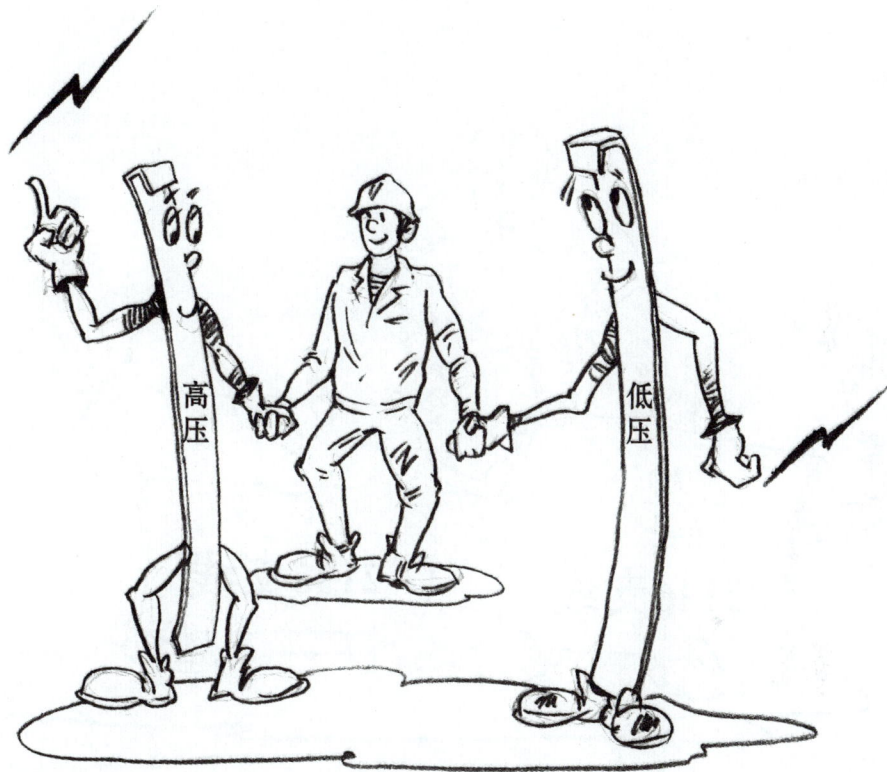

高低压同杆架设的多回线路，其中一条线路停电作业时，其他线路必须同时停电，每条线路在分别验电、挂接地线后方可开工。

2146支线

2135支线

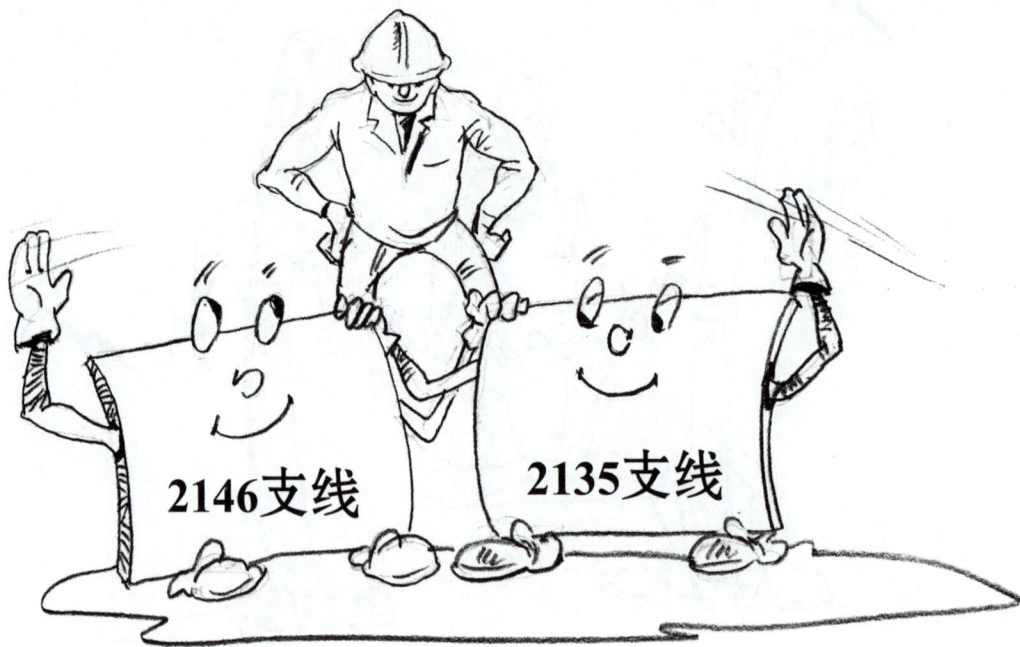

在同杆架设多回线路中，停电检修的每一回线路都应具有双重编号。

遇有大雾、雷雨或五级以上大风时，严禁在电杆上作业。

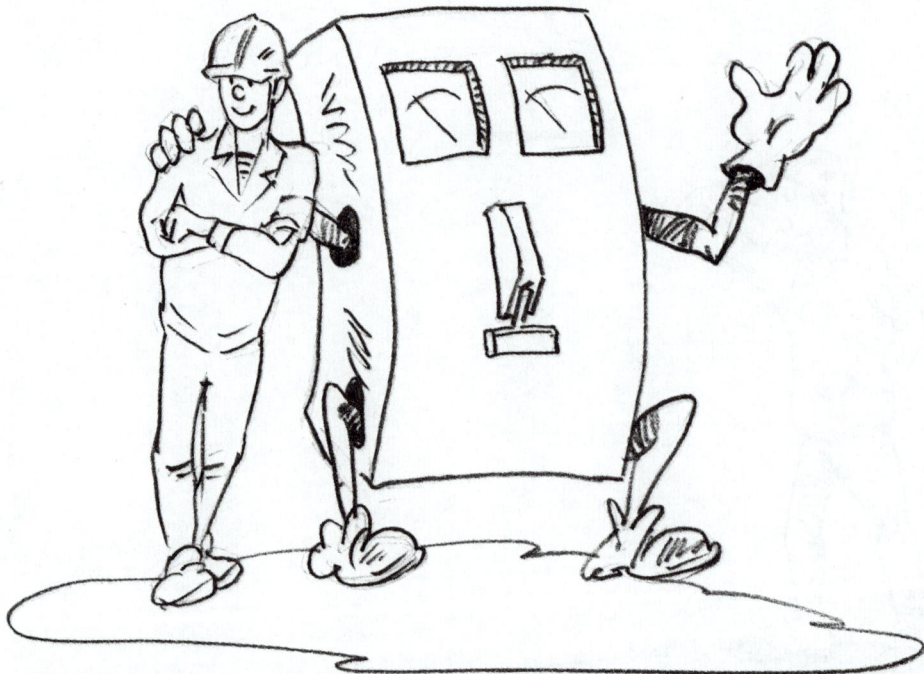

与新架或停电检修的线路邻近或交叉的强电、弱电线路，均应采取停电或其他安全措施。

为了防止新架或停电检修线路的异常产生跳动，或因过牵引引起导线突然脱落、滑跑、断线而发生与带电导线接近至危险距离内，应使用绳索将新架或停电检修的线路牵拉牢固。

放线、撤线和紧线工作应经领导批准并制定安全措施，工作时均应设专人统一指挥、统一信号，工作前应检查紧线工具及设备是否良好。

交叉跨越各种线路、公路、河流等放、撤线时，应先取得主管部门同意，做好安全措施。

图说安全——农配电现场作业安全图册

紧线时，应检查接线管或接线头以及过滑轮、横担、树枝、房屋等有无卡住现象。

紧线、撤线前应先检查拉线、拉桩及杆根，必要时应设临时拉绳加固。

严禁采用突然剪断导、地线的做法松线。

第八节 起重、装卸、运输工作

起重工作必须由有经验的人领导，并应统一指挥、统一信号、明确分工，做好安全措施。

使用车辆、船舶运输，不得超载，在运电杆、变压器和线盘时，必须绑扎牢固，防止滚动、移动伤人。

电力线路
第一种
工作票

配电变压器台（架、室）停电检修时，应使用第一种工作票。

在配电变压器（台、架）上进行工作，不论线路是否已经停电，必须先拉开低压开关，后拉开高压隔离开关或跌落熔断器，在停电的高压引线上接地。

在吊起或放落变压器前，必须检查配电变压器台架的结构是否牢固。

配电变压器停电做试验时，台架上严禁有人，地面有电部分应设围栏，悬挂"止步，高压危险！"的标示牌。

在同架多台配电变压器台架上工作时，应全部停电，特殊情况不能同时停电的，要采取可靠的安全隔离措施。

对有自发电机组和双电源的用户，要有可靠的防止返送电措施。

第十节 电容器放电

禁止合闸有人工作

电容器

进行电容器停电工作时，应先断开电源。

将电容器放电接地后，才能进行工作。

第十一节 低压间接带电作业

进行低压间接带电作业时，应设专人监护，工作人员应戴绝缘手套，必须穿长袖衣服、穿绝缘鞋，使用绝缘手柄的工具，站在干燥的绝缘物上工作。

间接带电作业，应在天气良好的条件下进行。

在带电的低压配电装置上工作时，应采取防止相间短路和单相接地短路隔离措施。

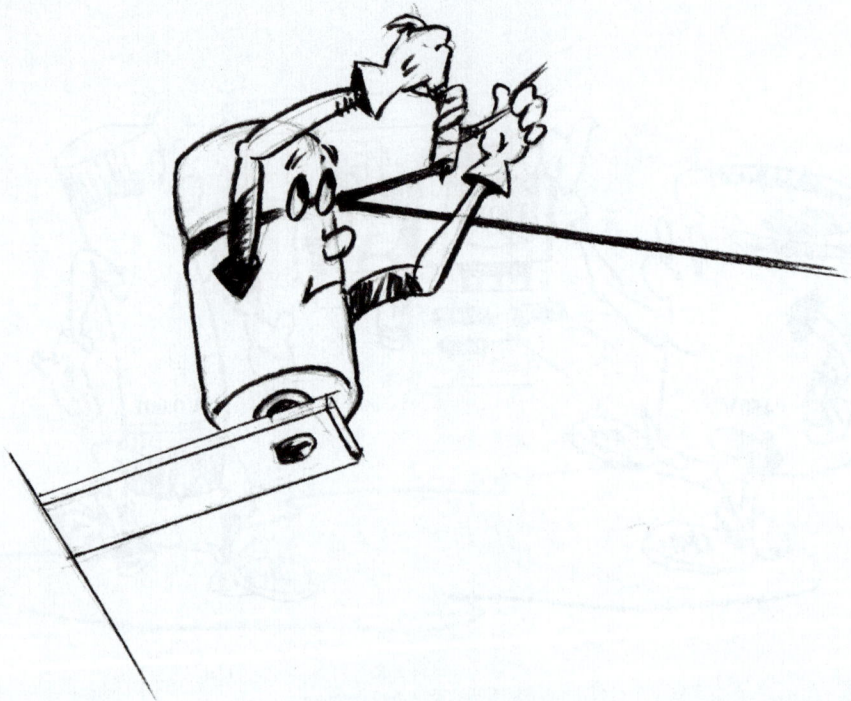

在紧急情况下，允许用有绝缘柄的钢丝钳断开带电的绝缘照明导线时，应一根一根进行。

带电断开配电盘或接线箱中的电能表和电压表的电压回路时，必须采取防止短路或接地的措施。

严禁在电流互感器二次回路中带电工作。